CAMathories™

Mathematical stories from historic Cambridge

The Birth of Monkey King, Sun Wukong

Original Novel Author of the "Journey to the West"	Cheng En Wu
Story Adaptation	Kit Cheung, Ph.D. (Cantab)
Artist	Glenn Burnett
Game Designer	Lorna Ayton, Ph.D. (Cantab)
Game Reviewer	David Whitebread, Ph.D.
Editor	Ko-Han Lai
Spanish Translators	Dora Gragg, Katherine Rowett
English Proofreader	Marie Forsyth, MA (Oxon)

Thousands of years ago, there was a mountain called "Flower and Fruit Mountain".

Hace miles de años, había una montaña llamada "Montaña de las Flores y la Fruta".

On top of the mountain lay a stone. There were 9 big holes and 8 tiny holes in the stone.

En la cima de la montaña yacía una piedra. Había 9 grandes agujeros y 8 pequeños agujeros en la piedra.

The stone is sitting under the starry sky – ***A) How many stars are there in the sky? B) How many corners does each star have? C) How many corners are there in total?***

La piedra está bajo el cielo estrellado:***A)¿cuántas estrellas hay en el cielo? B)¿Cuántas esquinas tiene cada estrella? C)¿Cuántas esquinas hay en total?***

Answers:

A)_____________ **B)**_____________ **C)**_____________

Respuestas:

A)_____________ **B)**_____________ **C)**_____________

3

The stone lay there for many years and collected all the goodness from heaven, and it became magical.

La piedra permaneció allí durante muchos años y recolectó toda la bondad del cielo, y se volvió mágica.

4

One day this magic stone was expecting a baby! It laid a stone egg. Later, a big wind blew on the egg.

Un día esta piedra mágica quedó embarazada y luego puso un huevo de piedra. Un día, un gran viento sopló sobre el huevo.

5

Suddenly it turned into a stone monkey, with 2 arms and 2 legs, a face, two ears, and two eyes, a nose and a mouth, like an ordinary monkey!

De repente se convirtió en un mono de piedra, con 2 brazos y 2 piernas, una cara, dos orejas y dos ojos, una nariz y una boca, ¡como un mono ordinario!

6

The monkey quickly learnt to crawl and walk. He walked first to the corners of the land in four directions, north, south, east, west. He bowed to each direction in turn.

El mono rápidamente aprendió a gatear y caminar. Primero, caminó hacia las esquinas en cuatro direcciones, norte, sur, este, oeste. Se inclinó en cada dirección a su vez.

Q2

The stone monkey bows to the four corners in the direction of north, south, east and west. ***A)Can you name two shapes that have four corners? B)Can you draw the two shapes you named?***

El mono de piedra se inclinó hacia las cuatro esquinas: norte, este, sur y oeste. ***A) ¿Puedes nombrar dos formas que tienen cuatro esquinas? B) ¿Puedes dibujar las dos formas que nombraste?***

A2

Answers:

A)______________________________ **B)**_________________

Respuestas:

A)______________________________ **B)**_________________

7

The monkey gazed at the sky. Two bright golden beams of light shot out of his eyes into the kingdom in heaven.

El mono miró al cielo. Dos brillantes rayos de luz dorada salieron de sus ojos hacia el reino en el cielo.

8

The Jade Emperor in heaven was astonished by the two beams. He summoned all the gods to his palace.

El Emperador de Jade en el cielo se quedó asombrado por los dos rayos. Convocó a todos los dioses a su palacio.

9

He sent out the god with “Thousand Mile Eyes” (who could see things thousands of miles away) and the god with “Thousand Mile Ears” (who could hear whispers thousands of miles away) to see what had happened on the earth.

Envió al dios de “Ojos de Mil Millas” (que podía ver cosas a miles de millas de distancia) y al dios de “Oídos de Mil Millas” (que podía oír susurros a miles de millas de distancia) a ver lo que había sucedido en la tierra.

10

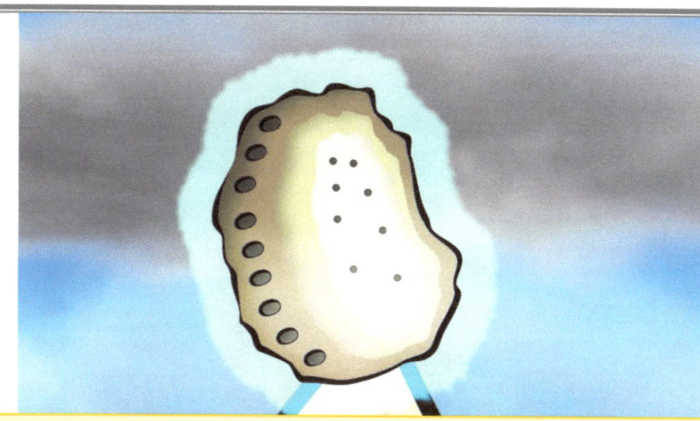

These two gods reported that there was a magic stone on the Flower Fruit Mountain which had given birth to a stone monkey. They said,

Los dos dioses informaron que había una piedra mágica en la Montaña de la Flores y la Fruta y que la piedra había dado a luz a un mono de piedra. Le dijeron al Emperador:

11

“The bright beams came from the stone monkey’s eyes when he gazed into heaven. He is now drinking water and eating fruits. The beams will soon disappear.”

“Los brillantes rayos provinieron de los ojos del mono de piedra cuando miró al cielo. Ahora está bebiendo agua y comiendo frutas. Los rayos desaparecerán pronto.”

12

The Jade Emperor was relieved and did not pursue the matter further.

El Emperador de Jade se sintió aliviado y no siguió adelante con el asunto.

13

The stone monkey learnt how to walk, run, jump and skip. He also made friends with different kinds of wild animals in the mountain.

El mono de piedra aprendió a caminar, correr, brincar y saltar. También se hizo amigo de diferentes tipos de animales salvajes en la montaña.

14

At night, the stone monkey slept at the bottom of a stone cliff.

Por la noche, el mono de piedra dormía al pie de un acantilado rocoso.

Q3

There are so many animals in the jungle! ***A)Can you count the number of tigers, wolves, and monkeys? B)How many animals are there in total?***

¡Hay tantos animales en la jungla! ***A) ¿Puedes contar la cantidad de tigres, lobos y monos? B) ¿Cuántos animales hay en total?***

A3

Answers:
A)__________, __________, __________ **B)**__________

Respuestas:
A)__________, __________, __________ **B)**__________

Q4

Help the stone monkey to get up the mountain – each path is labelled with a number, the stone monkey can only use paths that are multiples of 2. Which path should he take?

Ayuda al mono de piedra a subir a la montaña: cada camino tiene un número, y el mono de piedra sólo puede usar caminos que sea numerado con múltiplo de dos. ¿Qué camino debe tomar?

A4

Answers:

____

Respuestas:

____

15

One day, all the monkeys played near a big bush. Some monkeys jumped around, some picked oranges, some chased dragonflies, they all played, laughed, and drank water from the stream and were very happy.

Un día, todos los monos estaban jugando cerca de un gran arbusto. Algunos monos saltaban, algunos recogían naranjas, otros perseguían libélulas, todos jugaban, se reían, y bebían agua del arroyo y estaban muy felices.

Q5

Share the oranges on the tree equally among 3 monkeys. ***A)How many oranges does each monkey get? B)If another monkey came along to join in, how many oranges would they each have then?***

Comparta las naranjas en el árbol por igual entre 3 monos. ***A) ¿Cuántas naranjas obtiene cada mono? B) Si viniera otro mono para unirse, ¿cuántas naranjas tendrían cada uno?***

A5

Answers:

A)______oranges for_____monkeys.

B)______oranges for_____monkeys.

Respuestas:

A)___frutas para__monos. B)___frutas para__monos.

16

Then the monkeys all took a bath in the stream. One monkey asked, "Do you know where this stream comes from? Let us go to the upper stream to find out where the source of the stream is!"

Entonces, todos los monos se bañaban en el arroyo. Un mono preguntó: "¿Sabéis de dónde viene este arroyo? ¡Nademos a contracorriente para descubrir dónde está la fuente del arroyo!"

17

They all followed the stream and came to a great waterfall. Behind the waterfall was a cave. The waterfall appeared to form a curtain in front of the cave.

Todos lo siguieron río arriba y llegaron a una gran cascada. Detrás de la cascada había una cueva. La cascada parecía formar una cortina enfrente de la cueva.

18

The monkeys were shouting, "The water connects with the foot of the mountain and with the sea!"

Los monos estaban gritando: "¡El agua se conecta con el pie de la montaña y con el mar!"

Then one monkey said, “If anyone can get into the cave and find the source of the water without getting hurt, we will honor him as our King!”

Entonces un mono dijo: "¡Si alguien puede entrar en la cueva y encontrar la fuente de agua sin lastimarse, lo honraremos como nuestro Rey!"

”Yes, Yes, Yes!" shouted all the monkeys. Then suddenly the stone monkey called out: "I will go, I will go!"

"Sí, sí, sí", proclamaron todos los monos. Entonces, de repente, el mono de piedra gritó: "¡Iré, iré"!

The stone monkey squatted, and made a great jump forward. He landed inside the waterfall.

El mono de piedra se puso en cuclillas e hizo un gran salto hacia adelante. Aterrizó detrás de la cascada.

There was no water in the cave. He saw a living space with stone furniture. There were stone chairs, stone tables, and stone plates, everything needed for a home!

No había agua ni olas en la cueva. Vio un espacio vital. Había muebles de piedra, como sillas y mesas de piedra, y platos de piedra, ¡cosas necesarias para un hogar!

Q6

A)How many stone chairs do you see? B)How many stone tables do you see? C)How many items of furniture are there in total? Write down the equation that shows the total number of stone furniture items.

A) ¿Cuántas sillas de piedra ves? B) ¿Cuántas mesas de piedra ves? C) ¿Cuántos muebles de piedra hay en total? Escribe la ecuación que muestra el número total de muebles de piedra.

A6

Answers:

A)____B)____C)____ Total:__________________ = ______

Respuestas:

A)____B)____C)____ Total:__________________ = ______

23

This living space looked as if somebody had lived there before. Everything was very clean.

Este espacio vital parecía como si alguien hubiera vivido allí antes. Todo estaba muy limpio.

24

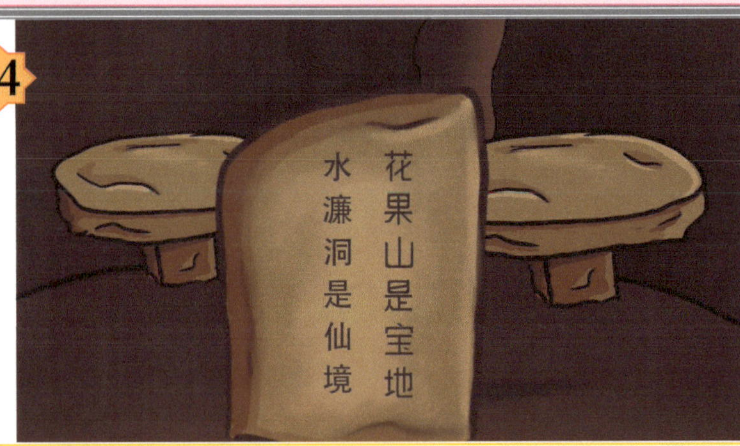

In the middle of the room, there was a stone on which was written "Flower and Fruit Mountain is a fortunate land, Water Curtain Cave is a wonderful place."

En el centro de la habitación, había una piedra en la que estaba grabado: "La Montaña de las Flores y la Fruta es un sitio fortuito, la Cueva de la Cortina de Agua es un lugar maravilloso"

25

The stone monkey was delighted. He immediately went back to the waterfall, and then jumped back out to meet the monkeys.

El mono de piedra estaba encantado. Inmediatamente regresó a la cascada y luego saltó para encontrarse con los monos.

26

When the monkeys saw the stone monkey coming out unharmed, they were very excited. The stone monkey happily said, "there is no water inside and it is a good shelter for us to live in!”

Cuando los monos vieron al mono de piedra salir ileso, estaban muy entusiasmados. El mono de piedra dijo alegremente: “¡No hay agua adentro y es un refugio ideal para vivir!”

27

The monkeys became more excited and followed the stone monkey to enter the cave behind the waterfall.

Los monos se entusiasmaban más y siguieron al mono de piedra adentro de la cueva detrás de la cascada.

28

Once they were inside, they all rushed to touch the stone furniture and to lie on the stone beds. They played around with all the stone items until they were exhausted.

Una vez dentro, todos se apresuraron a ver y tocar los muebles de piedra, yaciendo en camas de piedra, jugando con todos los objetos de piedra, hasta que se agotaron.

Q7

All the monkeys are safe in the cave! Look at them all playing. ***A)How many monkeys can you see?*** Each monkey has 2 hands and 2 feet to play with their new toys, but some cheeky monkeys are hiding their hands and feet! ***B)How many hands and feet are hidden in total?***

¡Todos los monos están seguros en la cueva! Míralos a todos jugando. ***A) ¿Cuántos monos puedes ver?*** Cada mono tiene 2 manos y 2 pies para jugar con sus nuevos juguetes, ¡pero algunos monos traviesos están escondiendo sus manos y pies! ***B) ¿Cuántas manos y pies están escondidos en total ?***

A7

Answers:

A)____________ **B)**____________________________

Respuestas:

A)____________ **B)**____________________________

29

Then the stone monkey spoke to them. "You have promised that whoever got into the waterfall without getting hurt would be made your king. Now you should call me King."

Entonces el mono de piedra les habló. "Prometisteis que quien entrara a la cascada sin lastimarse sería vuestro rey. Ahora deberíais llamarme Rey".

30

All the monkeys happily bowed to the stone monkey, calling him King.

Todos los monos felizmente se inclinaron ante el mono de piedra, llamándolo Rey.

31

The stone monkey was also happy, and he took away the word "stone" and named himself the "Handsome Monkey King".

El mono de piedra también estaba feliz, y le quitó la palabra "piedra" y se llamó a sí mismo "El apuesto rey Mono".

32

Time passed for 300 to 500 years, while Monkey King and his monkeys lived happily in the “water curtain cave”, playing and eating all the time.

El tiempo pasó de 300 a 500 años, mientras que el Rey Mono y sus monos vivían felices en la "cueva de la cortina de agua", jugando y comiendo todo el tiempo.

33

One day, Monkey King said: “One day, I will get very old and die, so I cannot live here happily forever.” The monkeys became sad and cried.

Un día, El Rey Mono dijo: "Un día, envejeceré mucho y moriré, así que no puedo vivir feliz para siempre". Los monos se pusieron tristes y lloraron.

34

One old monkey suggested that Monkey King could go and find a mentor to learn how to become a saint or a fairy, because they can live forever.

Un viejo mono sugirió que El Rey Mono podría ir a buscar un mentor para aprender cómo convertirse en un santo o un hada, porque pueden vivir para siempre.

Monkey King decided that he would go off to find a mentor to learn how to live forever.

El Rey Mono decidió ir a buscar un mentor para aprender a vivir para siempre.

On the following day the monkeys helped Monkey King to make a raft.

Al día siguiente, los monos ayudaron al Rey Mono a hacer una balsa.

They put some fruit onto the raft. ***A)How many oranges are there? B)How many bananas are there? C)How many items of fruit are there in total?*** Write down the equation that shows the total number of fruit on the raft.

Pusieron algunas frutas en la balsa. ***A) ¿Cuántas naranjas hay? B) ¿Cuántas plátanos hay? C) ¿Cuántas frutas hay en la balsa en total?*** Escriba la ecuación que muestra el número total de frutas en la balsa.

Answers:

A)_____B)_____C)_____ Total: ________________ = ______

Respuestas:

A)_____B)_____C)_____ Total: ________________ = ______

Then Monkey King said goodbye to his monkeys and drifted away into the big sea.

Entonces el Rey Mono se despidió de sus monos y se alejó hacia el gran mar.

Not "The End"!

If you want to know what will happen to Monkey King, please keep an eye out for our next episode!

No es el "FIN"!

Si quieres saber qué pasará con el Rey Mono, ¡descúbrelo en nuestro próximo episodio!

Answer Key

A1: A)5 B)10 C)50
A2: A)Square/Rectangle/Parallelogram/Rhombus/Trapezoid/Kite
B) □ ▭ ▱ ◇ ⏢ ♢
A3: A) 2 Tigers, 3 Wolves, 3 Monkeys B)8
A4: 2-8-4-6
A5: A) 4 oranges for 3 monkeys B) 3 oranges for 4 monkeys
A6: A)2 B)2 C)4, Total: 2 + 2 = 4
A7: A)6 B)8
A8: A)4 B)6 C)10, Total: 4 + 6 = 10

Hoja de requestas

A1: A)5 B)10 C)50
A2: A)Cuadrado/Rectángulo/Paralelogramo/Rombo/Trapecio/Cometa
B) □ ▭ ▱ ◇ ⏢ ♢
A3: A) 2 Tigres, 3 Lobos, 3 Monos B)8
A4: 2-8-4-6
A5: A) 4 naranjas para 3 monos B) 3 naranjas para 4 monos
A6: A)2 B)2 C)4, Total: 2 + 2 = 4
A7: A)6 B)8
A8: A)4 B)6 C)10, Total: 4 + 6 = 10

Notes for Parents

Q1 This helps to solve problems in: - counting, addition, and multiplication.
Talk about: how the game introduces the math problem. The reader first needs to solve the basic problem (counting and addition) before solving the next problem. There are five stars, then, there are 10 corners in each star (including both the outer and the inner corners within a star). This repeated addition is the same as multiplication. Discuss how for bigger numbers it is quicker to multiply than to add.
More ways to help: Talk about collections of objects, such as books, or boxes around the home, and ask your child how many objects there are in total. For instance, how many books do you have? How many boxes do you have? Then, ask your child how many corners do the books have altogether, or how many sides do the boxes have altogether.

Q2 This helps to solve problems in: - shapes recognition and identification of shape features.
Talk about: different shapes and their similar and different features. For instance, square, rectangle, parallelogram, rhombus and trapezoid all have four sides and four outer corners but their shapes are different. Their length of each of their sides and angles at each corner constitute the differences.
More ways to help: Encourage comparing different shapes at home. What is the shape of the main door, the oven, the toaster, the refrigerator, the bath tub, the toilet bowl…etc.

Notas para Padres

Q1 Esto ayuda a resolver problemas en: - cuenteo, suma y multiplicación.
Hablen sobre: cómo el juego presenta el problema matemático. Primero, el lector debe resolver el problema básico (cuenteo y suma) antes de resolver el siguiente problema. Hay cinco estrellas, entonces, hay 10 vértices en cada estrella (incluidas los vértices exteriores e interiores dentro de una estrella). Esta suma repetida es lo mismo que la multiplicación. Discutan cómo para números más grandes es más rápido multiplicar que sumar.
Más formas de ayudar: Hablen sobre colecciones de objetos, como libros o cajas alrededor de la casa, y pregúntenle a su hijo cuántos objetos hay en total. Por ejemplo, ¿cuántos libros tienes? ¿Cuántas cajas tienes? Luego, pregúntenle a su hijo cuántas esquinas tienen los libros en total, o cuántos lados tienen las cajas en total.

Q2 Esto ayuda a resolver problemas en: - reconocimiento de formas e identificación de características de formas.
Hablen sobre: diferentes formas y sus características similares y diferentes. Por ejemplo, el cuadrado, el rectángulo, el paralelogramo, el rombo y el trapezoide tienen cuatro lados y cuatro vértices exteriores, pero son formas diferentes. La longitud de cada lado y el ángulo de cada esquina constituyen las diferencias.
Más formas de ayudar: Animen a comparar diferentes formas en casa. ¿Cuál es la forma de la puerta principal, el horno, la tostadora, el refrigerador, la bañera, la taza del váter, etc.

Notes for Parents

Q3 This helps to solve problems in: - counting, addition and simple multiplication.
Talk about: Refer to the earlier question – to find a total you use addition, once you have worked out how many animals you have and the child can add them together. You can also ask your child to do it in an alternative way (which is more advanced with multiplication) by first finding the total number of animals for each kind of animals, then, add the total number of each kind of animals together.
More ways to help: Talk about collections of objects around the home. For example, count tee-shirts and socks in the closet, or spoons, chopsticks, bowls, plates, in the kitchen. Also, ask your child how many objects there are in total. Visual objects can be used to help with counting.

Q4 This helps to solve problems in: - a multiple of 2.
Talk about: Identifying numbers and to see if there is any relationship between one and another.
More ways to help: What being a multiple of 2 means (i.e. in the 2 times table). Ask if the child can recite the 2 times table, then ask: 'Are these the numbers in the two times table?'
More ways to help: Encourage your child to count in two. Ask the child to share items, such as grapes, or raisins, between three people – encourage them to do it using two as a group when they give out the items.

Notas para Padres

Q3 Esto ayuda a resolver problemas en: - cuenteo, suma y multiplicación simple.
Hablen sobre: Consulten la pregunta anterior: para encontrar el total, usen la suma, una vez que hayan resuelto cuántos animales hay, y el niño puede sumarlos. También pueden pedirle a su hijo que lo haga de una manera alternativa (que es más avanzada con la multiplicación) al encontrar primero el número total de animales para cada tipo de animales, luego, sumen el número total de cada tipo de animales.
Más formas de ayudar: Hablen sobre colecciones de objetos en el hogar. Por ejemplo, cuenten las camisetas y los calcetines en el armario, o las cucharas, los palillos, los tazones, los platos, en la cocina. Además, pregúntenle a su hijo cuántos objetos hay en total. Los objetos visibles se pueden usar para ayudar a contar.

Q4 Esto ayuda a resolver problemas en: - múltiplos de 2.
Hablen sobre: Identificar números y ver si hay alguna relación entre uno y otro.
Más formas de ayudar: Qué significa ser múltiplo de 2 (es decir, en la tabla de 2 veces). Pregunte si el niño puede recitar la tabla de 2 veces, luego pregunte: "¿Son estos los números en la tabla de dos veces?"
Más formas de ayudar: Anime a su hijo a contar en dos. Pídale al niño que comparta artículos, como uvas o pasas, entre tres personas; anímelos a hacerlo usando dos como grupo cuando entreguen los artículos.

Notes for Parents

Q5 This helps to solve problems in: – multiplication and division.

Talk about: what it means to divide by a number, and that is the same as sharing the fruits between that number of monkeys. Discuss how division and multiplication (repeated adding of the same number) are the opposite of each other.

More ways to help: Show your child the relationship between multiplication and division with objects. Take 12 items and form a rectangle with them by lining up 3 rows of 4 objects. To share the 12 objects between 4 people you would separate by columns (4 columns with 3 objects in each), and to share 12 objects between 3 you would separate by rows (3 rows with 4 objects in each). Do this with other numbers of objects, talk to your child about the relationship between all the numbers.

Q6 This helps to solve problems in: - counting, addition and simple multiplication.

Talk about: Refer to the earlier question – to find a total, you use addition. Once you have worked out how many furnitures you have, then the child can add them together. You can also ask your child to do it in an alternative way by first finding the total number for each kind of furnitures, then, add the total number of each kind of furnitures together.

More ways to help: Talk about collections of objects around the home. For example, count tee-shirts and socks in the closet, or spoons, chopsticks, bowls, plates, in the kitchen. Also, ask your child how many objects there are in total. Visual objects can be used to help with counting.

Notas para Padres

Q5 Esto ayuda a resolver problemas en: - multiplicación y división

Hablen sobre: lo que significa dividir 'entre', que es la misma cosa que distribuir las frutas entre aquel número de monos. Discuten cómo la división es la operación inversa de la multiplicación (la suma repetida del mismo número).

Más formas de ayudar: Muéstrenle a su hijo la relación entre la multiplicación y la división con los objetos. Tomen 12 objetos y formen un rectángulo con ellos, alineándolos en 3 filas de 4 objetos. Para compartir los 12 objetos entre 4 personas se separarían por columnas (4 columnas con 3 objetos en cada una), y para compartir 12 objetos entre 3 se separarían por filas (3 filas con 4 objetos en cada una). Hagan esto con otros números de objetos, hablen con su hijo sobre la relación entre todos los números.

Q6 Esto ayuda a resolver problemas en: - cuenteo, suma y multiplicación simple.

Hablen sobre: Consulten la pregunta anterior – para encontrar un total, usen la suma. Una vez que hayan calculado cuántos muebles hay, entonces el niño puede sumarlos. También pueden pedirle a su hijo que lo haga de una manera alternativa al encontrar primero el número total de cada tipo de muebles, luego, sumar el número total de cada tipo de muebles.

Más formas de ayudar: Hablen sobre colecciones de objetos en el hogar. Por ejemplo, cuenten las camisetas y los calcetines en el armario, o las cucharas, los palillos, los tazones, los platos, en la cocina. Además, pregúntenle a su hijo cuántos objetos hay en total. Los objetos visibles se pueden usar para ayudar a contar.

Notes for Parents

Q7 This problem involves:- addition, subtraction, multiplication, and logical reasoning.
Talk about: First ask how many hands and feet are missing for each individual monkey, then add these numbers together for the total number missing. To make it more advanced, ask your child how many hands and feet there should be in total based on the number of monkeys in the picture (multiplication). Then subtract how many can actually be seen.
More ways to help: Ask your child about 'hidden numbers' - these can be things that can't specifically be counted, like sweets that have already been eaten! For example if you started with 15 sweets, and you each ate 3, how many were eaten in total? Using food items is a good way to mean your child cannot simply count the items because they aren't there any more!

Q8 This helps to solve problems in: - counting, addition and simple multiplication.
Talk about: Refer to the earlier question – to find a total, you use addition. Once you have worked out how many fruits you have, then the child can add them together. You can also ask your child to do it in an alternative way by first finding the total number for each kind of fruits, then, add the total number of each kind of fruits together.
More ways to help: Talk about collections of objects around the home. For example, count tee-shirts and socks in the closet, or spoons, chopsticks, bowls, plates, in the kitchen. Also, ask your child how many objects there are in total. Visual objects can be used to help with counting.

Notas para Padres

Q7 Este problema implica: - la suma, la sustracción, la multiplicación y el razonamiento lógico.
Hablen sobre: Primero, pregunten cuántas manos y cuántos pies faltan para cada mono individual, luego sumen estos números para obtener el número total que falta. Para hacerlo más avanzado, pregúntenle a su hijo cuántas manos y cuántos pies debería haber en total según la cantidad de monos en la imagen (multiplicación). Luego resten cuántos se pueden ver realmente.
Más formas de ayudar: Pregúntenle a su hijo acerca de los "números ocultos". ¡Estos pueden ser cosas que no se pueden contar específicamente, como los dulces que ya se han comido! Por ejemplo, si había 15 dulces y ustedes y su hijo comieron cada uno 3 dulces, ¿cuántos se comieron en total? ¡Usar alimentos es una buena manera de que su hijo no pueda simplemente contarlos porque ya no están allí!

Q8 Esto ayuda a resolver problemas en: - cuenteo, suma y multiplicación simple.
Hablen sobre: Consulten la pregunta anterior – para encontrar un total, usen la suma. Una vez que hayan calculado cuántas frutas hay, el niño puede sumarlas. También pueden pedirle a su hijo que lo haga de una manera alternativa al encontrar primero el número total de cada tipo de fruta, luego sumar el número total de cada tipo de fruta.
Más formas de ayudar: Hable sobre colecciones de objetos en el hogar. Por ejemplo, cuente camisetas y calcetines en el armario, o cucharas, palillos, tazones, platos, en la cocina. Además, pregúntele a su hijo cuántos objetos hay en total. Los objetos visuales se pueden usar para ayudar a contar.

Game Designer Bio

Lorna Ayton, Ph.D.

CAMathories™ Mathematics Advisor

Dr. Ayton spends half of her time teaching A-Level students at a private high school in Cambridge and the other half of her time in the University of Cambridge Department of Applied Mathematics and Theoretical Physics, where she uses mathematical modelling to develop new technologies to reduce aircraft noise. Dr. Ayton was admitted to Churchill College, University of Cambridge, in 2007 to study B.A. Mathematics, followed by Part III Mathematics, and then for a Ph.D. in Mathematics which she completed in 2014. Dr. Ayton ensures that fundamental mathematics concepts are well applied in the games and learning mathematics can be fun and rewarding. Dr. Ayton designs and reviews games for CAMathories™.

Biografía de la Diseñadora de Juegos

Lorna Ayton, Ph.D.

CAMathories™ Asesora de Matemáticas

La Dra. Ayton pasa la mitad de su tiempo enseñando estudiantes de "A-Levels" (bachillerato) en un instituto privado en Cambridge, y la otra mitad de su tiempo en el Departamento de Matemáticas Aplicadas y Física Teórica de la Universidad de Cambridge, donde utiliza la modelización matemática para desarrollar nuevas tecnologías para reducir el ruido de los aviones. La Dra. Ayton fue admitida en el Churchill College de la Universidad de Cambridge en 2007 para estudiar la licenciatura en Matemáticas, seguido de la maestría en Matemáticas, y luego para un doctorado en Matemáticas, que completó en 2014. La Dra. Ayton se asegura de que los conceptos matemáticos fundamentales se apliquen bien en los juegos y que el aprendizaje de las matemáticas sea divertido y gratificante. La Dra. Ayton diseña y revisa los juegos para CAMathories ™.

Game Reviewer Bio

David Whitebread, Ph.D.

CAMathories™ Chief Education Advisor

Dr. Whitebread, had been the Acting Director (External Relations), Centre for Research on Play in Education, Development and Learning (PEDAL), in the Faculty of Education, University of Cambridge. Dr. Whitebread has more than 30 years of research experience in children learning through play. He is one of the founding members of the Faculty of Education at the University of Cambridge. Dr. David Whitebread designs and reviews games for CAMathories™.

Biografía del Consultor de Juegos

David Whitebread, Ph.D.

CAMathories™ Director de Educación

El Dr. Whitebread, ha sido Director Interino (Relaciones Exteriores), del Centro de Investigación sobre Juegos en Educación, Desarrollo y Aprendizaje de la Facultad de Educación de la Universidad de Cambridge. El Dr. Whitebread tiene más de 30 años de experiencia en investigación sobre niños aprendiendo a través del juego. Es uno de los miembros fundadores de la Facultad de Educación de la Universidad de Cambridge. El Dr. Whitebread diseña y revisa los juegos para CAMathories™.

CAMathories™ The Birth of Monkey King was adapted from "The Journey to the West", which is one of the four Great Chinese Classical Novels published anonymously during the Ming dynasty in China in 1592. Some people believed that WU Cheng En, who lived during that period, was the author of the novel.

The authorship remains uncertain but the story of Monkey King became one of the most popular stories in East Asia. The novel describes an adventurous pilgrimage made by a Tang dynasty Buddhist monk, TANG San Zang. He traveled from China to Central Asia and India to obtain a sacred Buddha text. The main character who appears in this book, SUN Wu Kong, the "Handsome Monkey King", played a key role in assisting TANG in this legendary and exciting quest.

Each chapter of the novel is highly imaginative and full of amazing interaction between mythical gods and goddesses, animals and human characters. The book shows how Monkey King was born and became the "Handsome Monkey King."

This book aims to help 5 to 8-year-old children to learn mathematics by playing games with the Handsome Monkey King and his monkeys. How was the stone monkey born? How did he climb up the hills and mountains? How many fruits did the monkeys eat in total? How did the stone monkey become the Handsome Monkey King? How did the Handsome Monkey King and his monkeys get in and out of the Water Curtain Cave?

The games in this book involve young children in helping the monkeys to get enough fruits to eat, to find the right path to the top of the mountain, and to the cave for shelter, and to jump into their new home! The monkeys need to split the right number of fruits to share equally, to count the right number of steps to reach the mountain top and the cave, to select the right numbers and symbols to complete a sequence, and to make an equation in order to get to the next step.

CAMathories ™ El nacimiento del Rey Mono se adaptó de "Peregrinación al Oeste", que es una de las cuatro grandes novelas clásicas chinas publicadas anónimamente durante la dinastía Ming en China en 1592. Algunas personas creían que Wu Cheng En, que vivía durante ese período, fue el autor de la novela.

La autoría sigue siendo incierta, pero la historia de Monkey King se convirtió en una de las historias más populares en el este de Asia. La novela describe una peregrinación aventurera realizada por un monje budista de la dinastía Tang, TANG San Zang. Viajó de China a Asia Central e India para obtener un texto sagrado de Buda. El personaje principal quien aparece en este libro, SUN Wu Kong, el "Rey Mono Guapo", jugó un papel clave en ayudar a TANG en esta legendaria y emocionante búsqueda.

Cada capítulo de la novela es muy imaginativo y está lleno de una increíble interacción entre dioses y diosas míticas, animales y personajes humanos. El libro muestra cómo nació Monkey King y se convirtió en el "Hermoso Rey Mono". Este libro tiene como objetivo ayudar a los niños de 5 a 8 años a aprender matemáticas jugando juegos con el guapo Rey Mono y sus monos. ¿Cómo nació el mono de piedra? ¿Cómo subió las colinas y montañas? ¿Cuántas frutas comieron los monos en total? ¿Cómo se convirtió el mono de piedra en el Rey Mono Guapo? ¿Cómo entraron y salieron el Guapo Rey Mono y sus monos de la Cueva de la Cortina de Agua?

¡Los juegos en este libro involucran a niños pequeños para ayudar a los monos a obtener suficientes frutas para comer, encontrar el camino correcto a la cima de la montaña, a la cueva para refugiarse y saltar a su nuevo hogar! Los monos necesitan dividir la cantidad correcta de frutas para compartir por igual, contar la cantidad correcta de pasos para llegar a la cima de la montaña y la cueva, seleccionar los números y símbolos correctos para completar una secuencia y hacer una ecuación para llegar al siguiente paso.

CAMathories™

Historias matemáticas de la histórica Cambridge

El Nacimiento Del Rey Mono, Sun Wukong

Autor original de la obra "Peregrinación al Oeste"	Cheng En Wu
Adaptación de la historia	Dra Kit Cheung (Cantab)
Artista	Glenn Burnett
Diseñadora de Juegos	Dra Lorna Ayton (Cantab)
Consultor de Juegos	Dr. David Whitebread
Editora	Ko-Han Lai
Traductoras	Dora Gragg, Katherine Rowett
Correctora de inglés	Marie Forsyth, MA (Oxon)

www.ingramcontent.com/pod-product-compliance
Lightning Source LLC
LaVergne TN
LVHW070818210926
848482LV00004B/289